Schrader-*Auto*-Chronik

DAS AUTOJAHR IM RÜCKBLICK 1983

Flotte Reisekutsche, in der man sogar übernachten kann: Renault R4 Vagabund.

Schrader-*Auto*-Chronik

DAS AUTOJAHR IM RÜCKBLICK 1983

Eine Dokumentation von Halwart Schrader

Schrader Verlag

Quellen: ADAC Motorwelt, Automobil Revue, Bern; Auto, Motor und Sport; Auto Zeitung; mot auto-journal; Car and Driver; Road and Track. Adriano Cimarosti: Das Jahrhundert des Rennsports; Motorbuch Verlag, Stuttgart. Nick Georgano (Hrsg.): The Beaulieu Encyclopaedia of the Automobile; The Stationary Publishing Co., London. David Culshaw, Peter Horrobin: The Complete Catalogue of British Cars; Veloce Publishing, Dorchester. Werksveröffentlichungen der Hersteller.

Abbildungen: ADAC Motorwelt: Seite 34, 42. Alfa Romeo: 9, 33 (oben), 58 (links), 106 (oben). Audi: 11. Autopress: 7, 10 (unten), 21, 35 (unten), 54, 56, 57, 71 (unten). Baur Karosserien: 47. Bilstein: 17 oben, 24, 41 (oben), 48, 69 (oben und unten links). BMW: 8, 20, 32, 46, 49, 55 (oben), 69 (unten links), 70, 83 (unten), 94. Bundesanstalt für Straßenwesen: 75 (oben). Citroën: 74. DaimlerChrysler Classic: 23. Fiat: 28, 41 (unten), 59, 83. Ford: 10 (oben), 16, 33 (oben), 35 (oben), 55 (unten), 76, 77, 85 (unten). Fulda Reifen: 57. Archiv Heribert Hofner: 44-45, 50, 55 (Mitte),78, 79. Jaguar Cars: 33 (Mitte). Michael Krone: 31. Archiv Joachim Kuch: 65. Mazda: 85 (oben). Michelin: 72. Mitsubishi: 14, 39. Motorbuch Verlag: 91 (oben und rechts). Nissan: 36 (oben), 18, 87 (oben). Archiv J. P. Norbye (64 (unten). Opel: 17 (unten), 37, 87 oben. Porsche KG: 60, 64 (oben). Renault: 2, 18, 38 (unten), 86, 89 (oben). Reporter-PR GmbH: 53 (oben). Rolls-Royce Ltd.: 19. Archiv Halwart Schrader: 5, 12, 13, 15 (unten), 18, 22, 25, 16 (oben), 37, 29, 30, 36 (unten), 38 (oben), 40, 43 (oben), 52, 53 (unten), 58 (rechts), 71 (oben), 73, 80, 81, 82, 91 (unten links), 93. Suzuki: 15 (oben). Volkswagen AG: 46, 88, 89 (unten). Volvo: 26 (unten). Archiv Jürgen Wolff: 62/63.

Einbandgestaltung Katja Draenert unter Verwendung von Motiven aus dem Archiv des Autors.

Ein Unternehmen der Paul Pietsch-Verlage GmbH + Co
1. Auflage 2002

ISBN 3-613-87242-0

Lektorat: Joachim Kuch
Innengestaltung: Anita Ament
Repro: digi bild reinhardt, 73037 Göppingen
Druck: Maisch & Queck, 70839 Gerlingen
Bindung: K. Dieringer, 70839 Gerlingen
Printed in Germany

Panther Kallista mit 135 PS starkem 2,8-Liter-Ford-Motor.

Inhalt

DAS AUTO-JAHR IM RÜCKSPIEGEL 1983

Neunzehnhundertdreiundachtzig: Nullwachstum oder höchstens ein Prozent Mehrumsatz prophezeien die Wirtschaftsexperten der bundesdeutschen Autoindustrie für 1983, und auch anderen europäischen Ländern sagen sie dies voraus. Grund zum Pessimismus? Das sehen nicht alle so, und per Jahresende hat die Automobilindustrie gegenüber dem Vorjahr dann doch etwas mehr zulegen können. Auch andere Negativprognosen heizen die Diskussionen an, etwa zum Thema Waldsterben - der vermehrte Schadstoffausstoß durch ständig steigendes Verkehrsaufkommen sei daran schuld, sagen die Naturschützer. Sie begrüßen die Ankündigung, die Industrie werde bald nur noch Katalysator-Autos bauen und die Mineralölfirmen bleifreies Benzin anbieten. Doch wenn es nur noch Sprit ohne Bleizusatz gibt, so fürchten Besitzer älterer Fahrzeuge, könnten ihre Motoren dadurch Schaden nehmen.

Der Trend geht zur Zeit gegen Cabriolets. Dafür kommen immer mehr Kombiwagenmodelle auf den Markt - und immer mehr Diesel. Aufsehen erregen Vierventiler wie der im neuen Mercedes-Benz 190 2.3 E-16, und zunehmende Verbreitung finden auch Fahrzeuge mit Allradantrieb. Die Flut der Neuheiten im Jahr 1983 ist groß, im Kampf um Marktanteile auch hinter dem Komma werden alle Register gezogen.

Die Nation ist gespalten - in Dallas- und Denver-Clan-Zuschauer: Diese erfolgreichen TV-Serien registrieren enorm hohe Einschaltquoten. Heftig diskutiert wird, ob die Grünen in den Bundestag einziehen werden. Sie tun es, denn bei den Wahlen im März 1983 fallen ihnen vier Plätze zu. Helmut Kohl wird erneut Kanzler, aber ohne seinen Landesverteidiger Franz-Josef Strauß, der diesmal auf ein Ministeramt verzichtet.

Die vor Ihnen liegende Dokumentation bietet einen Überblick über das Jahr 1983 aus dem Blickwinkel der Autowelt. Möge die Mischung aus mehr oder auch weniger Bedeutendem, Interessantem und Kuriosem Sie daran erinnern, dass alles einmal ganz anders war - oder auch nicht, je nachdem, welchen Bezug man zu vergangenen Zeiten hat.

Halwart Schrader

Autofahren in südlichen Großstädten ist nicht immer ein Vergnügen - Parken noch viel weniger. Vor allem mit einem großen Auto.

Gut gerüstet für die Saison 1983: ADAC Stauberater. Die in München stationierte Truppe fährt natürlich BMW-Motorräder.

Lancia Prisma 1600. Die Designer der frühen achtziger Jahre machen gern vom Lineal Gebrauch.

Alfa 33, ein Versuch der Neubelebung einer etwas ramponierten Marke.

Pelzmantel im Ausland gekauft? Das Auto der ertappten Schmugglerin ist ein VW Scirocco.

Urlaub im Süden gemacht? Das Auto der fröhlichen Heimkehrer ist ein Ford Orion.

Mit dem Audi 80 quattro ein wenig offroad zur Almhütte: Der Vorsprung durch Technik macht's möglich!

Und dank Allradantrieb gibt's auch genügend Traktion im feuchten Sand

JANUAR 1983

Das Wirtschaftsbarometer steht auf »Schlechtwetter«, doch BMW versucht sich im Gegensteuern und gibt ein großes Investitionsprogramm bekannt: Bis 1986 soll in Regensburg mit einem Aufwand von 1,2 Milliarden Mark ein neues Automobilwerk mit 6000 Arbeitsplätzen entstehen.

Am 6. Januar feiert Vladimir Kabes seinen 65. Geburtstag. Sein Vater leitete in den zwanziger Jahren in Prag eine Flugzeugfabrik und gründete 1929 eine Automobilfirma, die den Aero-Kleinwagen herstellte, ein in der Tschechoslowakei sehr erfolgreiches Auto. Vladimir Kabes ist Generalsekretär der Alliance Internationale de Tourisme (AIT) in Genf.

Peugeot kündigt die Einführung des neuen 205 an, ein Fünftürer, der unterhalb des 305 angesiedelt ist. Noch im ersten Halbjahr 1983 soll auch eine Dieselversion folgen.

Der Verkehrsrichtertag in Goslar empfiehlt die Einführung von Helm- und Führerscheinpflicht auch für Mofafahrer sowie eine Abblendlicht-Vorschrift auch bei Tag für alle motorisierten Zweiräder.

Volkswagen baut in Jugoslawien einen Pritschenlieferwagen auf Basis des VW Golf. Der »Caddy« hat eine 70-PS-Benzin- bzw. eine 54-PS-Diesel-Maschine.

Der Fiat Ritmo ist attraktiver geworden. Neben einem neuen Gesicht mit fünf diagonalen Aluleisten in der Kühlermitte und glatteren Karosserieflächen wurden Motor und Getriebe neu konfiguriert und auf Sparsamkeit getrimmt.

Auch der japanische Isuzu ist jetzt auf dem deutsche Markt vertreten. Der Isuzu Trooper 4x4 ist ein zweitüriger Viersitzer; die Langversion hat nur Hinterradantrieb. Isuzu wird über General-Motors-Partner vertrieben; GM ist mit 34 Prozent an Isuzu beteiligt.

Der ehemalige Rennfahrer und Motorjournalist Paul Schweder starb am 27. Januar in seinem 82. Lebensjahr. Schweder gehörte in den dreißiger Jahren zur Rennmannschaft der Adler-Werke und fuhr neben vielen anderen Wettbewerben die 24 Stunden von Le Mans mit; später durchquerte er mehrmals Europa in Rekordzeit am Steuer einer BMW Isetta und eines BMW 600. Zeitweilig war er Chefredakteur der ADAC Motorwelt und der BMW-Hauszeitschrift.

In einer Rundfrage möchte der ADAC für ein Symposium der Verkehrsmedizin ermitteln, womit deutsche Autofahrer in Bezug auf ihr Fahrzeug unzufrieden sind. Beurteilt werden sollen die Sichtverhältnisse im Auto, die Geräuschentwicklung, die Bedienbarkeit und der Komfort.

Zweimal Citroën - einmal in Blech, einmal in Plastik. Chacun à son goût.

Da kommen selbst die Philosophen im Lande ins Grübeln: Könnte ich mit einem solchen Auto auch bis an die Tür meiner Dachkammer fahren...?

Von Léotard modifizierter Renault 5 mit hinterer Tandemachse und Allradantrieb.

FEBRUAR 1983

Hallo, Süßer! Wie wär's mit einem Ausflug mit meinem neuen Mitsubishi Colt?

Gurtmuffel kommen nach wie vor ohne Verwarnungsgeld davon, wenn sie »oben ohne« erwischt werden. Es besteht zwar eine gesetzliche Anschnallpflicht auf den Vordersitzen, Nichtbefolgen wird aber nicht bestraft - im Unterschied zu England: Dort werden Strafen hierfür bis zu 50 Pfund verhängt.

Als Konkurrenz zum VW Golf GTi bringt Opel den Kadett GTE mit 118 PS und einer Spitze von über 180 km/h auf den Markt.

1,2 Millionen Hupen stellt das Bacony-Werk in Rumänien jährlich her. Sie werden an das Wolga-Automobilwerk in der UdSSR und an Zastava in Jugoslawien geliefert.

Mit dem Bundesverdienstkreuz Erster Klasse wird am 9. Februar der Gerlinger Verleger Heinz M. Bleicher ausgezeichnet. Namhafte Autoren haben im Bleicher Verlag Automobilbücher veröffentlicht, die sich durch hohe Qualität auszeichnen. Es sind u.a. Titel über BMW, Mercedes-Benz, Alfa Romeo und Audi von Autoren wie Fridenson, Knittel, Ludvigsen, Hofer, Mirsching, Rosellen, Zeichner, Schrader, Norbye und Slater.

In der Ungarischen Volksrepublik wurde der 230.000ste Trabant zugelassen. Der erste P70 kam 1957 im Rahmen einer Lieferung von 107 Fahrzeugen nach Ungarn.

Im VW Santana gibt es einen neuen Motor. Er hat 1,8 Liter Hubraum und leistet 90 PS. Den gleichen Motor, aber mit kürzerem Hub auf 1,6 Liter gebracht (70 PS), findet man im Scirocco.

Auch mit Vierzylindermotor gibt es jetzt den Opel Senator und den Monza. Damit entsprechen die beiden anfänglich als Sechszylinder konzipierten Modelle der Sparwelle, die neuerdings angesagt ist. Die Zweiliter-Einspritzer mit Schubabschaltung haben eine Leistung von 110 PS.

Wegen mehrerer Verstöße gegen die Straßenverkehrsordnung wurde in Malmö (Schweden) ein junger Mann bestraft. Sein Fahrzeug hatte weder Scheinwerfer, noch Rücklichter oder Bremsen, geschweige denn ein amtliches Kennzeichen. Es handelte sich um ein paar Rollschuhe mit Miniaturmotoren aus dem Modellbau...

Der in der DDR hergestellte Barkas B 1000 soll jetzt auch in einer Kleinbusversion mit 11 Sitzplätzen hergestellt werden. Die Seitenfenster können mit Schiebescheiben versehen werden. Das Werk weist darauf hin, dass der Elfsitzer nur von einem Fahrer mit Omnibus-Führerschein gelenkt werden darf.

Suzuki SJ 413, der kleine Alleskönner aus der Motorradfabrik in Hamamatsu.

Croco 4x4 für Dschungel, Wüste, Eis und Schnee - in der Schweiz entwickelt, in Deutschland gebaut.

MÄRZ 1983

Mazda folgt dem Trend zum Frontantrieb auch in der Mittelklasse mit dem Modell 626. Audi 80 und Opel Ascona haben damit einen neuen Herausforderer erhalten. Das Basismodell kostet nur wenig mehr als 15.000 Mark.

Auf dem Genfer Salon stellt die Firma TAG (Tecnique d'Avant-Garde) des arabischen Industriellen Mansur Ojjeh eine von Porsche entwickelten V6-Turbomotor vor, der künftig im McLaren-Grand-Prix-Wagen eingesetzt werden soll. Niki Lauda wird den Wagen erstmals beim Großen Preis von Holland fahren. Die Leistung des 1,5-Liter-Motors liegt bei gut 700 PS.

In ihrer Werbung für den neuen Lancia Trevi mit Volumex-Kompressor behaupten die Hersteller, es handele sich um das »erste Serienmodell der Welt, das mit einem Kompressormotor angetrieben wird«. Was nachweislich nicht stimmt: Franklin war schon 1912 zur Stelle, Mercedes 1921, Duesenberg 1924.

Ford Escort Express, konstruiert - wie es scheint - nach dem Vorbild des Talbot Matra Rancho.

In einem Gebrauchtwagen-Test, den der ADAC landesweit durchführte, schnitten Fahrzeuge der Marke Mercedes-Benz am besten ab. Die weitere Reihenfolge der 1000 untersuchten Autos lautet: Audi, BMW, Ford, VW, Opel, Honda, Renault, Fiat, Citroën.

Die Schrägheck-Version des Audi 100 war bisher kein großer Erfolg, dennoch bietet Ingolstadt den neuen Audi 100 wieder als Avant mit Heckklappe an. 500 kg Zuladung sind erlaubt. Besonders attraktiv ist der Fünfzylinder-Turbodiesel mit einer Leistung von 86 PS, gut für 170 km/h.

Vor neunzig Jahren wurde in Österreich der erste Motorwagen offiziell zum Verkehr zugelassen. Der am 19. März 1893 in Betrieb genommene Benz mit der Seriennummer 24 existiert noch heute und ist ein Exponat im Museum für Technik und Gewerbe in Wien.

BMW fordert die Einführung von bleifreien Kraftstoffen nach amerikanischem Muster. Nur dann könnten die Abgase durch wirkungsvolle Drei-Wege-Katalysatoren weiter entgiftet werden.

Im Verkehrshaus der Schweiz in Luzern wurde eine Ausstellung historischer Rolls-Royce-Automobile eröffnet. Der älteste Wagen stammt aus dem Jahr 1904.

Eine Ford-Werkstatt in Düsseldorf hat einen neuen Service für ihre Kunden eingerichtet: Sie können ihre Autos nachts reparieren lassen, Bis 18:30 gebracht, ab 7:00 morgens abholbereit! Wer tagsüber auf seinen Wagen nicht verzichten möchte, findet diesen neuen Service sehr hilfreich.

Start zur Internationalen Deutschen Rennsport-Meisterschaft am 20, März in Zolder. In der Gruppe C konkurrieren unter anderen Porsche 956, Ford C4/8 und BMW-URD.

Der neue Opel Corsa gut in Fahrt: Der Verkaufsstart verlief ganz nach Wunsch der Rüsselsheimer. Es gibt den Dreitürer schon ab 11.650 Mark.

APRIL 1983

Wer von den dreien ist 22 Jahre alt? Der Renault 4, 1962 geboren, brachte es bisher auf 876.000 verkaufte Exemplare allein Deutschland und mehr als sieben Millionen in aller Welt.

Das neue Honda-Coupé »Prelude« hat mit seinem Vorgänger nur noch den Frontantrieb gemein. Der 105-PS-Motor ist ein Dreiventiler. Nur die Luxusausführung ist auch mit ABS erhältlich.

Das kürzeste Auto, das Ford je gebaut hat, entstand in den USA als Prototyp für eine Kleinwagenstudie. Mit 240 cm Länge ist der Dreisitzer 65 cm kürzer als der englische Mini. Weitere Kleinwagenprojekte sind, wie es heißt, in Arbeit.

Fritz B. Buschs Automuseum in Wolfegg bei Ravensburg kann auf sein zehnjähriges Bestehen zurück blicken. Die Sammlung, die mit 32 Fahrzeugen begann, ist auf 140 Autos und 40 Motorräder angewachsen und zählt zu den beliebtesten Museen seiner Art.

Opel rechnet für 1983 in der Bundesrepublik mit einen Marktanteil von 19 Prozent. 1982 betrug er 18,2 Prozent.

Zum ersten Berliner Oldtimer-Markt, veranstaltet in einem gemieteten Zirkuszelt im Tempodrom, kommen 8000 Besucher. Den Autokorso zur Eröffnung führt ein 1923er NAG an. Clou des Angebots: Ein VW-Kübelwagen von 1943 für DM 14.000,-.

Drei Jahre Garantie gewähren VW und Audi auf den Lack ihrer Autos. Die Gewährleistung für Durchrostungsschäden beträgt sechs Jahre.

Nach ausgiebigen Testfahrten in den USA bietet BMW einen neuen »Fünfer« an. Es handelt sich um den 525e (e für eta) mit 2,7-Liter-Motor, der sich durch Sparsamkeit und guten Durchzug auszeichnet. Der DIN-Verbrauch liegt im Schnitt bei 8,3 Liter auf 100 km.

Rolf Stommelen verunglückt im Alter von 39 Jahren am 24. April auf der Rennstrecke von Riverside, USA. Aus den Trümmern seines Porsche 935 konnte der beliebte deutsche Rennfahrer nur noch tot geborgen werden.

Die größte Oldtimersammlung der Welt, die dem Spielbankenkönig William Harrah in Reno, Nevada (USA) gehört und mehr als 1200 teils außerordentlich seltene Fahrzeuge umfasst, soll in ihrem Umfang vermindert werden. Sie ist für den »normalen« Besucher viel zu groß, daher sollen jetzt 300 Preziosen verkauft werden.

Das Frühjahr lässt die Nachfrage nach kleinen Autos steigen. Zunehmender Beliebtheit erfreuen sich Opel Corsa, VW Polo, Nissan Micra, Fiat Panda und Uno, Peugeot 106 und 206, Ford Fiesta.

Die Flotte der Phantom-Modelle im Fuhrpark der Königin von England. Die Queen bevorzugt, wie ihre Amtsvorgänger, für offizielle Anlässe Rolls-Royce- und Daimler-Limousinen.

MAI 1983

Ein BMW 635 CSi ist seit dem 10. April 1983 auf dem Hockenheimring für die ONS bei allen Rennen als Sicherheitsfahrzeug im Einsatz.

Bereits 26,4 Prozent aller fabrikneuen Autos haben Einspritzmotoren. Fachleute rechnen damit, dass in fünf Jahren der letzte Pkw mit Vergaseranlage aus allen Herstellerprogrammen verschwunden sein werden.

Für Fahrten in die DDR erhalten Autotouristen nach wie vor Benzingutscheine; man bekommt sie an den Grenzübergängen. Benzinbons gibt es derzeit außerdem noch für Italien, Jugoslawien, Bulgarien, Rumänien, Ungarn, die Tschechoslowakei und die Sowjetunion.

Der ADAC wird am 24. Mai 80 Jahre alt. Er wurde 1903 als »Deutsche Motorradfahrer-Vereinigung« gegründet und vier Jahre später umbenannt. Der ADAC zählt heute mehr als 7 Millionen Mitglieder.

Volkswagen wirbt noch immer (oder wieder) für den guten alten Käfer. Er kommt aus mexikanischer Produktion, wird gleichwohl als »deutsches Auto« bezeichnet und für 9395 Mark angeboten.

In Bochumer Opel-Werk sind seit der Eröffnung im Jahre 1962 fünf Millionen Kadett produziert worden.

Der wenig erfolgreiche Alfasud wird durch den Alfa 33 ersetzt. Mit diesem Modell wollen die Italiener nach elf Jahren wieder einen »echten« Alfa auf den Markt bringen. Frontantrieb und der wassergekühlte Boxermotor hat der 33 zwar vom Alfasud übernommen, doch in Sachen Design, Komfort und Fahreigenschaften unterscheidet er sich von seinem Vorgänger ganz erheblich.

Die Stadt München hat begonnen, die Dienstautos des städtischen Fuhrparks auf Katalysatormodelle umzustellen.

Das neue Spitzenmodell der Marke Rover ist der 3,5 Liter Vitesse. Die Achtzylinder-Limousine (der Motor ist der gleiche wie im Range Rover) entwickelt 192 PS; in 7,3 Sekunden lässt sich der 39.000 Mark teure Viertürer auf 100 km/h beschleunigen.

Vor 75 Jahren eröffnete die Daimler-Motoren-Gesellschaft in Berlin ihre erste Vertretung. Zur Einweihung der Niederlassung Unter den Linden 78 im Mai 1908 erschien die gesamte Automobil-Prominenz der Hauptstadt.

Die Polizei in Bayern kassiert 25 Mark pro Arbeitsstunde von Parksündern, deren Fahrzeuge abgeschleppt werden (müssen). Diese Berechnung einer »Aufwandsentschädigung« der Polizeibehörden neben der Buße entbehre aber jeglicher gesetzlicher Grundlage, stellte der Bayerische Verwaltungsgerichtshof fest.

Füße hoch oder Hände hoch - das ist die Frage. Im Auftrag von VW agierende Fotografen waren um hübsche Models selten verlegen.

JUNI 1983

Der Lauselümmel darf das - Daddy fährt schließlich im 51er Chevrolet hinterher und ist außerdem mit dem Sheriff per Du.

Zu Ehren Lofty Englands trafen sich 60 klassische Jaguar-Automobile zu einer Rallye in Altmünster in Oberösterreich. F.R.W »Lofty« England, heute seinen Ruhestand im Voralpenland genießend, war 1972 bis 1974 Nachfolger des Firmengründers Sir William Lyons und davor für die Rennsportaktivitäten des Unternehmens verantwortlich gewesen.

Als Nachfolger des legendären Mini Cooper S soll der MG Turbo-Metro mit 90 PS starkem 1,3-Liter-Motor die Freunde britischer Kleinwagen beglükken. British Leyland (BL) setzt große Erwartungen auf diesen 180 km/h schnellen Wagen, der nicht zuletzt auch das sportliche Image der Marke MG fortführen soll.

Austin-Rover und Perkins haben gemeinsam einen neuen Dieselmotor entwickelt. Das 2-Liter-Aggregat weist Direkteinspritzung auf und soll Anfang 1985 in Serie gefertigt werden.

Vor 80 Jahren, am 18. Juni 1903, gründete Henry Ford die Ford Motor Company. Zehn Jahre lang hatte Mr. Ford, Sohn irischer Einwanderer, auf dieses Ziel hingearbeitet. Seither sind in aller Welt mehr als 175 Millionen Ford-Fahrzeuge entstanden..

Citroën bietet das Erfolgsmodell CX jetzt auch mit einem Turbodieselmotor an Der CX 25 D geht an die 175 km/h.

Der italienischer Automobildesigner Pietro Frua starb am 28. Juni im Alter von 70 Jahren. Mit seinem Ableben verlor die Artigiani Carrozzeria ihren ältesten Repräsentanten. Frua war anfangs für die Formgebung bei Ghia Aigle verantwortlich gewesen, bevor er sein eigenes Studio gründete. Zu seinen berühmtesten Schöpfungen zählen der Renault Floride, der Maserati Mistral, der Volvo P 1800 sowie die Glas-Modelle 1700 und 2600.

Für einen Aufpreis von 286 Mark kann man den Opel Ascona jetzt mit Fünfganggetriebe bekommen. Opel spricht von einer »Schongangschaltung«.

Serienreif ist jetzt der 2-Liter-Einspritzmotor für den Audi 80 CD (115 PS) und das GT Coupé, wo er den Vergasermotor gleicher Leistung ablöst. Der Auslieferungsbeginn der neuen Modelle ist für den 25. August geplant. Quattro-Allradversionen sollen drei Monate später folgen.

Die Mehrwertsteuer wird in der Bundesrepublik im kommenden Monat von 13 auf 14 Prozent erhöht. Wer jetzt noch ein neues Auto bestellt und bezahlt, kann also ein paar Mark sparen.

Patrick Tambay, Rallye- und Rennfahrer aus Passion, wird am 25. Juni 34 Jahre alt. 1983 gewann er auf Ferrari den Großen Preis von San Marino, im Vorjahr den GP von Deutschland.

Im Norden Nigerias montiert die Anambra Motor Manufacturing Co. Mercedes-Benz-Lastwagen. Im Juni 1983 wurde das 10.000 Fahrzeug ausgeliefert, ein Kipper vom Typ LK 2624.

JULI

1983

Noch gibt es den »alten« Nürburgring. Start zum Großen ADAC-Preis der Tourenwagen am 10. Juli 1983 mit zwei Jaguar XJS im Vordergrund.

In der Statistik gestohlener Autos rangiert in den USA der BMW 320i an oberster Stelle - noch vor Chevrolet Corvette und Ford Thunderbird.

In seiner 85jährigen Geschichte baute Opel insgesamt 20 Millionen Autos. Für die ersten zehn Millionen benötigte man 74 Jahre, für die zweiten zehn Millionen nur elf.

Das Bundeskabinett in Bonn beschließt, ab 1986 eine Katalysatorpflicht für alle Neuwagen vorzuschreiben. Einige Vertreter der Automobilindustrie verwahren sich gegen das »Vorschreiben technischer Lösungen anstelle von Grenzwerten«, die sie auch anders zu erreichen meint. Dennoch haben bereits sämtliche Hersteller vor längerer Zeit begonnen, Abgasanlagen für reduzierten Schadstoffausstoß zu entwickeln.

Jedes Jahr aufs neue ermitteln die Schweden die Lebensdauer der Autos auf ihren Straßen. Gegenwärtig beträgt die Durchschnitts-Lebenserwartung eines Pkw in Schweden 9 Jahre und 5 Monate (1965 lag sie bei 15 Jahren und 6 Monaten). Volvo führt die Statistik mit 19 Jahren und 4 Monaten an, dicht gefolgt von Mercedes-Benz und Volkswagen.

Seat und Honda haben sich geeinigt: Für den Zeitraum von zwei Jahren darf Seat ein Modell nach der spanischen Stadt Ronda benennen. Die Bezeichnung des Ritmo-Ablegers, so hatten die Japaner argumentiert, habe zu möglichen Namensverwechslungen führen können.

In Zusammenarbeit mit Steyr in Österreich entsteht gegenwärtig bei VW eine Busversion mit Allradantrieb. Ersten Prototypen wurden beste Geländeeigenschaften bescheinigt. Der Serienanlauf ist für Ende 1984 geplant.

Opel hat die Serienfertigung des in Genf vorgestellten Rekord in CD-Version aufgenommen. Der luxuriös ausgestattete Viertürer hat serienmäßig Servolenkung, Fünfganggetriebe, Bordcomputer, elektrisch verstellbare Außenspiegel und einen elektrisch höhenverstellbaren Fahrersitz. Damit ist der CD-Rekord üppiger ausgestattet als der größere Senator.

Erich Bitter hat einen Teil seiner Fertigung ins Ausland verlagert: Künftig sollen jeden Monat zehn CD Coupés bei Steyr in Graz gebaut werden. In Bitters Heimatstadt Schwelm entstehen zur Zeit fünf Fahrzeuge pro Monat.

Den längsten Cadillac der Welt hat sich der amerikanische Popsänger Gino Denti bauen lassen. Das von den US-Behörden erlaubte Maximalmaß von 12,20 m für zweiachsige Fahrzeuge hat Denti bis auf den Millimeter genutzt.

Leipzig 1983. Neunzig Prozent der in den Wohnblöcken lebenden DDR-Bürger besitzen kein Auto - und wer sich eins anschaffen möchte, muss sich auf zehn bis zwölf Jahre Lieferzeit gefasst machen.

Volvo W1233 Kipper mit 12-Zylinder-Turbodieselmotor.

Kraz BC8 als Abschleppwagen für einen Omnibus, gesehen in der Moskauer Innenstadt.

Das Ende aller Autoherrlichkeit - ein handliches Paket für die Schrottschmelze.

AUGUST 1983

Die Technische Universität Wien verleiht den Porsche-Preis des Jahres 1983 an den Ingenieur Jörg Bensinger, verantwortlich für die Fahrwerksentwicklung bei Audi, für zukunftsweisende Arbeiten an der Entwicklung des permanenten Vierradantriebs.

Fiat bietet den Panda jetzt auch als 4x4 an. Der Allradantrieb für den kleinen Wagen wurde von Steyr-Daimler-Puch entwickelt. In Deutschland soll der Wagen im Oktober auf den Markt kommen.

Eine bemerkenswerte Ausstellung lockt in Hamburg Besucher an: Gezeigt werden Kunstwerke der Familie Bugatti. Die umfassen nicht nur die von Ettore (1881-1947) und seinem Sohn Jean geschaffenen Automobile, sondern auch die Möbel, die Ettores Vater Carlo (1856-1940) entwarf sowie die Tierplastiken von Rembrandt Bugatti (1884-1916), Ettores Bruder. Die Schau im Hamburger Museum für Kunst und Gewerbe entstand in Zusammenarbeit mit dem Bugatti Club Deutschland.

Der Orion als konventioneller Bruder des Ford Escort ist vorgestellt worden. Im Grunde handelt es sich dabei um einen Escort mit Stufenheck, und es gibt ihn nur als Viertürer. Stufenheck-Modelle sind für bestimmte Absatzmärkte wie etwa Großbritannien wichtig. In Deutschland kommt auf zehn verkaufte Escort nur ein Orion.

Die Luxusversion des Audi 100 trägt die Bezeichnung Audi 200. Auffallend ist seine neue Bugpartie mit flacheren Scheinwerfern. Der vom Entwicklungsingenieur Dr. Fritz Indra auf 182 PS getunte Turbo-Motor (Ladeluftkühlung, Klopfregelung, elektronisches Motormanagement) verhilft der Luxuslimousine zu einer Spitze von 230 km/h - damit ist sie der schnellste Viertürer deutscher Produktion. Audi-Chef Ferdinand Piëch möchte mit dem Audi 200 gegen Daimler-Benz zu Felde ziehen.

Erstmals kostet ein Porsche in serienmäßiger Grundausstattung mehr als 100.000 Mark. Es ist das 911 Turbo Coupé zu DM 102.000,-. Der 924 kostet weniger als ein Drittel dieses Betrages.

Der dreimillionste Ford lief am 18. August in Saarlouis vom Band. Der Jubilar ist ein Orion 1,6 Liter GL. Das Werk Saarlouis nahm seine Produktion am 16. Januar 1970 auf und beschäftigt mehr als 8000 Mitarbeiter.

Rund 100.000 Mercedes-Sterne werden im Jahresschnitt gestohlen. Da dieses Zubehör beim Mercedes-Benz-Händler 33 Mark kostet, verschafft die hohe Diebstahlsquote der Daimler-Benz AG und ihren Repräsentanten einen Zusatzumsatz in Höhe von 3,3 Millionen Mark. Es sind hauptsächlich Kinder, aber auch Schmuckbastler, die von parkenden Autos den Stern abbrechen.

Was einmal ein Autobianchi A112 war, heißt heute Lancia Elite - bei unverändertem Konzept und vernünftigen Abmessungen für Italiens Städte.

Alles ist größer, höher, breiter in Amerika - und nicht immer schöner. Und der Bus ist auch nicht immer pünktlich.

SEPTEMBER 1983

Ende einer Dienstfahrt: Vergaserbrand mit bösen Folgen.

Im modernisierten Werk Cowley produziert Leyland jetzt den neuen Austin Maestro, der ab Ende August auch auf dem deutschen Markt angeboten wird. Roboter prüfen jedes Exemplar auf eventuelle Undichtigkeiten an allen Karosserienähten, Türen und Fenstern.

Nun wollen auch die Londoner Polizeibehörden Falschparkern jene eisernen Klammern ans Rad schrauben, die ihre Kollegen in Paris seit einiger Zeit mit großem Erfolg verwenden. Das Abmontieren der Klammer nach erfolgter Zahlung der Strafe auf dem Revier soll eine zusätzliche Gebühr kosten.

Auf der IAA in Frankfurt am Main findet der neue Golf II besondere Beachtung. Er wird in drei Benzin- und einer Dieselversion und in vier Ausstattungsvarianten (C, CL, GL, GLX) angeboten. Den gezeigten Passat mit Allradantrieb soll es erst ab 1984 geben. Toyotas neuer Corolla als »Gegen-Golf« stößt auf ebenso großes Interesse. Großer Auftrieb auch bei BMW, wo der 545i bewundert wird, und bei Daimler-Benz: Hier drängt man sich um den rasanten 190 E 1.3-16. Opel erregt mit der Kleinwagenstudie »Junior« Aufsehen, Lancia präsentiert einen 130 PS starken Delta HF Turbo, Porsche einen auf 310 PS erstarkten 928 S.

Auch in der DDR gibt es eine Autoschau: Sie findet im Rahmen der Leipziger Herbstmesse statt. Nach DDR-amtlicher Verlautbarung gehört zu den wichtigsten Neuerungen, die dort gezeigt werden, die 12-Volt-Anlage beim Trabant 601 mit einem Hartgummigehäuse für die Batterie sowie ein neuer Kippschalter nach ECE-Norm für eine »Nebelanschlussleuchte« und eine heizbare Heckscheibe. Beim Wartburg 353 W werden dem »internationalen Trend entsprechend und zur Verbesserung des optischen Gesamteindrucks« bisher verchromte Teile durch »plastpulverbeschichtete Teile in Schwarz« ersetzt.

Einarmige Scheibenwischer sind im Trend. Außer bei Mercedes-Benz (190) findet man sie bei Citroën (BX, CX), VW (Scirocco) und Fiat (Panda).

Peter Schneider, ex-NSU-Pressemann und bisheriger Leiter des Auto + Technik-Museums in Sinsheim, davor im Zweiradmuseum in Neckarsulm tätig und Chef des BMW-Archivs in München, wird Leiter des Werksmuseums der Porsche AG.

Blaupunkt experimentiert mit einem Navigationssystem, mit dessen Hilfe Autofahrer per Computerhilfe über die günstigste Fahrtroute zu ihrem Ziel informiert werden. Navigationsrechner sind auch bei Siemens und VDO in der Entwicklung.

Um den Lkw-Verkehr in der Innenstadt von Erfurt zu verringern und zu-

IFA F9 von 1950-55 am Straßenrand in Naumburg an der Saale. Der Fahrzeugpark der DDR ist teilweise stark überaltert.

SEPTEMBER 1983

gleich Treibstoffkosten einzusparen, sollen die städtischen Straßenbahnen künftig auch Gütertransporte durchführen. Hierfür wurden eigens Gelenktriebwagen umgerüstet. Erste Fracht war eine Partie Schreibmaschinen, die vom VEB Optima zur Verladerampe des Nordbahnhofs transportiert wurden.

Mit einer Leistungsspritze antwortet BMW auf die Kritik, der neue 323i habe zu wenig Power. Jetzt wird der Wagen mit 150 statt 139 PS ausgeliefert, was ein Plus in der Beschleunigung und in der Höchstgeschwindigkeit bringt.

Einen Schwerst-Lkw mit 18 Tonnen Zuladekapazität und 60 Tonnen Anhängelast haben die KrAS-Werke in Jaroslawl, UdSSR, vorgestellt. Der V8-Diesel hat 15 Liter Hubraum und leistet 255 PS. Der Drehmoment-Maximalwert beträgt 942 Nm.

Wie vor 80 Jahren ist das Fahrrad noch immer das am weitesten verbreitete Verkehrsmittel der Welt. Amtlichen Schätzungen zufolge stehen zur Zeit 500 Millionen Drahtesel 238 Millionen Personenwagen gegenüber.

Der in der UdSSR gebaute Wolga wartet mit einer »technisch-funktionellen« Neuerung auf, wie die Werbung verspricht: Es handelt sich um eine Hochdruck-Waschanlage für die Scheinwerfer.

Den Renault 11 erhält man jetzt auch mit einem 1,7-Liter-Benzin- oder einem1,6-Liter-Dieselmotor. Beide Triebwerke basieren auf der selben Konstruktion und haben erstmals keine nassen Zylinderlaufbüchsen.

Über einen Lada mit Wankelmotor konnten die Leser der in Moskau erscheinenden Zeitung *Za ruljom* Einzelheiten erfahren. Prototypen des WAS-311 seien bereits erprobt und sogar bei Sportveranstaltungen eingesetzt worden, dennoch sei es fraglich, ob es zu einer Serienherstellung komme.

Nur wenige Automobilhersteller werben in Publikumszeitschriften nicht für ihre Autos, sondern für den Kundendienst und den Ersatzteilservice. Eine BMW-Anzeige aus der ADAC Motorwelt.

Alfa Romeo Spider - noch immer ein Klassiker in der Kategorie den offenen Wagen.

Jaguar XJS-C 3.6. Noch ist der Wagen nicht als Vollcabrio, sondern mit Targabügel erhältlich.

»King Kong« aus Texas kann nicht nur Autos platt machen, sondern im Ernstfall auch im Katastrophenschutz eingesetzt werden (behauptet sein Besitzer).

Leider nur eine Studie blieb der Ford Ghia Barchetta, basierend auf dem Fiesta.

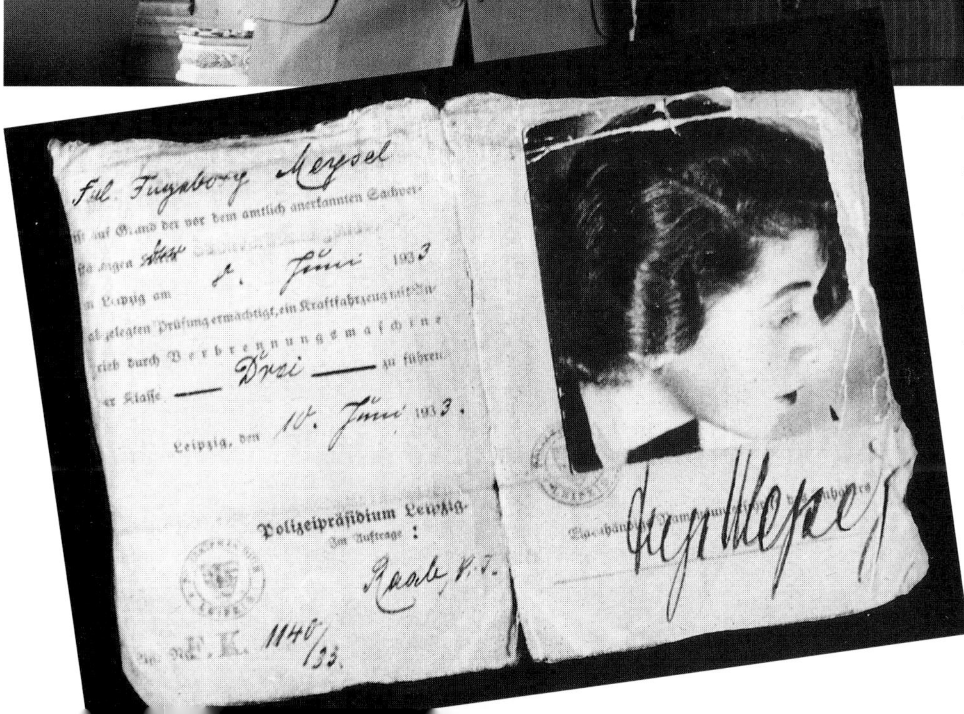

Frl. Ingeborg Meysel
ist auf Grund der vor dem amtlich anerkannten Sachver-
in Leipzig am 8. Juni 1933
abgelegten Prüfung ermächtigt, ein Kraftfahrzeug mit An-
trieb durch Verbrennungsmaschine
der Klasse — Drei — zu führen.
Leipzig, den 10. Juni 1933.
Polizeipräsidium Leipzig.
Im Auftrage:
F.K. 1140/33.

Als erste Persönlichkeit wird Henry Ford II mit dem Goldenen Lenkrad von *Bild am Sonntag* ausgezeichnet. Bisher wurde der Preis nur für Automobile vergeben. Axel Springer (rechts im Foto) überreichte die Auszeichnung dem Industriekönig für außerordentliche Verdienste.

Mindestens ebenso prominent, aber vielleicht nicht ganz so verdienstvoll ums Auto: Inge Meysel (und ihr 50 Jahre altes Führerschein-Original aus dem Jahre 1933).

Nissan Vanette 1,5 Liter Transporter mit zwei seitlichen Schiebetüren.

Renault Estafette 1978, umgebaut zum Wohnmobil 1983.

Werbung für den Opel Ascona Diesel, eine seit 1978 angebotene und zunehmend gefragte Variante.

An die 1975 beim Citroën 2 CV eingeführten eckigen Scheinwerfer hatte man sich nur ungern gewöhnt...

...ein Problem, das der Konkurrent aus Billancourt nicht kennt: Der Renault 4 kam von Anfang an mit einer modernen Pontonkarosserie daher.

Mitsubishi Pajero, erfolgreich in der Rallye Paris-Dakar und auf den Boulevards der City.

MG, die alte britische Traditionsmarke kerniger Sportwagen, steht jetzt wieder für eine Limousine. Auch wenn diese ein Austin ist.

Lancia Rally, Rallye-Markenweltmeister 1983. Hier das Siegerfahrzeug in der entscheidenden Rallye San Remo (Alen/Kivimaki).

Nicht weniger spektakulär: Lancia Stratos mit Mittelmotor und sechs Scheinwerfern.

OKTOBER 1983

Der ADAC veranstaltet in Berlin einen Test mit 15 Straßenwacht-Golf, die mit bleifreiem Benzin gefahren werden. Es wurde eigens eine Zapfsäule für den Spezialsprit aufgestellt.

Nach dem VW Golf liegt der Opel Kadett auf Platz Zwei der deutschen Hitliste. Nach der IAA sehen deutsche Autohersteller wieder etwas optimistischer in die Zukunft als zu Jahresbeginn. Besonders gute Auftragspolster haben BMW und Mercedes-Benz zu verzeichnen. Vor den Japanern ist den deutschen Herstellern nicht bange: Alle Fernostimporte zusammen machen derzeit nur 9,7 Prozent des gesamten Pkw-Absatzes in der Bundesrepublik aus.

Der Talbot Murena, der durch zu geringe Fahrleistungen enttäuscht hat, ist jetzt mit einem neuen 2,2-Liter-Motor zu bekommen. Mit nunmehr 140 PS und Breitreifen geht der Dreisitzer 215 km/h. Die vorherigen Versionen hatten 92 bzw. 113 PS.

Im Alter von nur 57 Jahren verstarb in Midhurst, Sussex (England) der Automobilhistoriker und Schriftsteller Michael Sedgwick. Der profilierte Branchenkenner und engagierte Journalist - einst als Lehrer tätig, bevor er Kurator im National Motor Museum, Beaulieu, wurde - erfreute sich weltweiter Wertschätzung, hat für viele namhafte Kollegen als »Ghostwriter« geschrieben und war zuletzt Berater des Auktionshauses Christie's.

Der ehemalige Audi-Sportchef Walter Treser baut auf Basis des Audi quattro ein zweisitziges Cabriolet. Das Dach des Allrad-Roadsters lässt sich im Kofferraum versenken. Der bis zu 240 PS starke Wagen soll 140.000 Mark kosten.

Statt immer breiterer Reifen, so argumentiert ein Erfinder aus der Schweiz, seien zwei oder auch drei schmale Pneus auf ein und derselben Felge vernünftiger. Es sei damit die Gefahr des Aquaplanings oder eines Unfalls durch einen Reifenplatzer geringer, während die Vorteile von Breitreifen voll erhalten blieben.

Der Porsche 911 wird 1983 zwanzig Jahre alt. Der 1963 noch als Modell 901 präsentierte Sportwagen - 2 Liter, 130 PS - avancierte zum Dauerbrenner und wird, nach der Auftragslage zu schließen, wohl noch lange im Programm bleiben.

Erstmals findet in den USA die Weltrallye für Veteranenwagen statt. Zu dieser FIVA-Veranstaltung sind auch drei deutsche Teams mit ihre Fahrzeugen in die Vereinigten Staaten geflogen: Klaus Hüttemann auf Ford 1912, Heidi Hetzer auf einem Opel 1908 und Ulrich Springer auf einem Minerva 1925. Frau Hetzer nahm es auf sich, mit ihrem Opel-Veteran in New York eine Sondereinlage auf der verkehrsreichen 5th Avenue zu geben (standing ovations!).

Mit Nelson Piquet auf Brabham-BMW wird erstmals der Fahrer eines

Kultiviert geht's im Escort Cabrio zu. Dieser Ford in offener Version wird mit Targabügel geliefert.

Die Buggywelle rollt noch immer! Die Frischluftautos von Karmann, Basis VW Käfer, haben sich am besten durchgesetzt.

OKTOBER 1983

Turbowagens GP-Weltmeister vor Alain Prost und René Arnoux. Der BMW-Motor im Brabham BT52 hat gut 800 PS.

Aus rumänischer Lizenzproduktion kommt ein Renault 12 (54 PS) auf den deutschen Markt, der hier unter der Bezeichnung Aro Familia verkauft wird und nur 7690 Mark kostet.

Den Mexiko-Käfer als Cabriolet bietet die Firma Philipp Eller in Reinheim an. Aber auch gebrauchte Alt-Käfer kann Eller in Cabrios umwandeln. Als nagelneues Fahrzeug kostet der offene Volkswagen aus Puebla 16.500 Mark.

Als »Vernunftsauto« wird der neue Mitsubishi Space Wagon vorgestellt. Es ist eine fünftürige Großraumlimousine von 4,30 m Länge mit Platz für sieben Personen in drei Sitzreihen. Klappt man das Sitzgestühl um, erhält man einen Van von 640 kg Ladevermögen. Motorisiert ist der Frontantriebswagen von einem 1,8-Liter-Vierzylinder von 90 PS mit Fünfganggetriebe.

Auf der Londoner Motor Show sorgt ein Range Rover in Miniaturausführung für Aufsehen. Das mit einem Rasenmähermotor versehene Kinderauto kostet umgerechnet 7000 Mark.

Fangio Nummer Zwei: Auf dem Hokkenheimring absolvierte der 26jährige Juan-Manuel Fangio, ein Neffe des legendären Grand-Prix-Piloten aus Argentinien, seine ersten Proberunden auf einem Formel-2-Wagen. »Der Junge fährt sehr schnell...« lautete das Urteil kritischer Beobachter. Fangio Nummer Zwei ist in Argentinien ein bereits recht bekannter Rennfahrer.

Auch in Deutschland ist jetzt der kleinste Diesel-Personenwagen der Welt zu bekommen: Es ist der Daihatsu Charade mit 986 ccm und 37 PS. Der Dreizylinder verbraucht vier Liter auf 100 Kilometer.

Zeitlos elegant, sportlich rapide und ziemlich teuer: BMW 635 CSi, 255 km/h schnell, Basispreis 63.000 Mark.

Anzeigen für das Baur-Topcabriolet - das eigentlich eine zweitürige Cabriolimousine ist. Erhältlich in allen 3er-BMW-Motorisierungen.

OKTOBER 1983

Montageband für den im September 1982 eingeführten Citroën BX in Rennes. Hier befindet sich eine der modernsten Autofabriken in Europa. Der Wagen ist außerordentlich erfolgreich.

Immer mehr Autohersteller gehen dazu über, auch im Prototypenbau Computer und Roboter einzusetzen, wie hier beim Volkswagenwerk in Wolfsburg.

NOVEMBER

1983

Der Braunschweiger Motorjournalist und Vertreter des Motorsport-Sponsors Jägermeister, Eckhard Schimpf, will einen Magenbitter-Pokal für Oldtimer-Rennwagen ins Leben rufen. Schimpf besitzt zahlreiche historische Rennwagen, so auch einen 1949er Formel-3-Kondor, mit dem einst Huschke v. Hanstein unterwegs war.

Den Senkrechtstarter Mercedes-Benz 190 gibt es jetzt auch in einer Dieselversion. Der 72-PS-Motor zeichnet sich durch besonders leisen Lauf aus. Der 190D ergänzt die Dieselmodelle 200D und 240D. Der neu hinzugekommene 220D hat den Motor des 190ers. Turboversionen sind in Vorbereitung.

In einem Aufsatz über den Stand der Motorenentwicklung, veröffentlicht in der *ADAC Motorwelt*, fragt Jürgen D. Stratmann, ob die Zukunft des Alltagsautos beim 16ventiligenTurbomotor und beim Allradantrieb zu suchen sei. ABS als Standard und sichere Kopfstützen, so meint der Autor, sollten Vorrang genießen.

Dem Deutschen Rallyemeister 1983 Walter Smolej wurde der Titel nach zwei Tagen von der ONS wieder aberkannt: Walter Smolej hatte den letzten Lauf ohne gültigen Führerschein absolviert. Somit rückt Walter Röhrl zum Deutschen Meister auf.

Im Jahresdurchschnitt verschwinden in Italien etwa 600 Lastwagen samt Ladung. Die meisten der gestohlenen Fahrzeuge sind nicht in Italien, sondern in Österreich oder Deutschland zugelassen.

Den MG Metro Turbo versucht Leyland als Nachfolger des legendären Mini Cooper zu vermarkten - mit bisher mäßigem Erfolg. Das antiquierte 1,3-Liter-Antriebsaggregat des Autos hat man, um es aufzuwerten, mit einem Turbolader bestückt, der dem damit auf 90 PS erstarkten Zweitürer zu einer Spitze von 180 km/h Spitze verhilft.

Eine Schallplatte mit Motorgeräuschen diverser Porsche-Automobile haben Jürgen Barth und Eddie Guba auf den Markt gebracht. Die akustische Aufzeichnung der Geschichte des Hauses wird von Kommentaren des Gründers Prof. Ferdinand Porsche und des derzeitigen Chefs Dr. Ferry Porsche begleitet.

Der französische Rennfahrer Jacques Laffite feiert am 21. November seinen 40. Geburtstag. Der erfolgreiche Formel-1-Pilot wurde dreimal hintereinander GP-Weltmeister (1979, 1980, 1981) und stand 180 mal am Start.

Chevrolet Corvette, made in Detroit - ab Werk mit deutschen Stoßdämpfern (Bilstein) ausgestattet.

Nelson Piquet unterwegs zur Formel-Eins-Weltmeisterschaft im Brabham-BMW Turbo.

Den neuen Mercedes-Benz 190 auch mit Dieselmotor anzubieten, versteht sich für die Stuttgarter ganz von selbst. Daimler-Benz ist der rangälteste Pkw-Hersteller mit Diesel-Personenwagen im Programm.

Viereinhalb Jahrzehnte Jahre Dieselmotor bei Daimler-Benz. Im Hintergrund der 260D von 1936, vorn der neue 190 D.

»Was heißt hier F-f-fahrzeugpapiere - Sehen Sie denn nicht, wer hier der Boss ist, Herr Wachtmeister?«

»Nanu Erich, ein Glas Sekt,
und schon besoffen?« -
»Aber nein, Mausi, so stark!«

DEZEMBER 1983

Kaum ist er da, der Winter, gibt es Ärger mit den Sommerreifen. Und das alle Jahre wieder!

Die »Messe der Meister von morgen« (MMM) in Leipzig haben mehr als 10.000 Schüler aus der ganzen DDR besucht, um sich über die »Aufgaben des Verkehrswesens der DDR« zu informieren. Anhand zahlreicher Exponate wurden Vorschläge zur Senkung des volkswirtschaftlichen Transportaufwandes demonstriert, die Anwendung der Mikroelektronik und der Robotertechnik im Autobau vorgeführt, neue technologische Lösungen zur Einsparung von Arbeitsplätzen sowie Beispiele zur Erhöhung des Niveaus von Transportprozessen gezeigt.

Die Probleme, die Zündung und Verbrennung extrem magerer Gemische mit sich bringen, will ein britischer Erfinder durch seine »Plasmazündung« lösen, die zugleich Benzin sparen hilft. Die Butterfly Motor Co. hat einen modifizierten Zylinderkopf entwickelt, in welchem die »Plasmazündung« die Schweißfunkenbildung auf Ventilen und Ventilsitzen verhindert. Bei einem Austin Metro haben Probefahrten einen Kraftstoffverbrauch von weniger als drei Liter auf 100 km ergeben.

Der bisher auf Lancia so erfolgreich gefahrene Walter Röhrl will in der kommenden Rallyesaison mit einem Audi quattro an den Start gehen. Die Lancia-Leute sehen den Wechsel mit Unbehagen. »Wir sind sehr verärgert... Röhrl nimmt sehr viel Wissen zu Audi mit...«, klagt Lancia-Sportchef Cesare Florio in einem Interview mit der Zeitschrift *rallye racing*.

Aus dem aufreibenden Formel-1-Geschäft zurückziehen will sich Max Mosley, Mitbegründer des March-Teams im Jahre 1969 und dortiger Teamchef bis 1977.

In zunehmendem Maße beliefert Volkswagen die japanische Firma Nissan mit Baugruppen und Zubehör zur Verwendung in für den Export bestimmten Fahrzeugen. Nissan seinerseits erwägt die Intensivierung seiner Absatzanstrengungen in Europa, insbesondere in Großbritannien. Gedacht wird auch an eigenes Werk.

Wer seinen Mercedes-Benz 190 aufmotzen möchte, bekommt für 8596 Mark bei der Firma Hans-Albert Zender einen Umbausatz, der Kotflügelverbreiterungen, Spoilerstoßstange, Heckschürze, Seitenleisten und einen Satz Koni-Stoßdämpfer umfasst. Der Preis schließt Lackierung und Montage ein.

Autofahrern wird immer teurer. Der Index der Autokosten stiegen im Jahr 1983 um 2,3 Prozent gegenüber dem Vorjahr, die allgemeinen Lebenshaltungskosten sogar um 2,4 Prozent.

Bei Ferrari hat man beschlossen, für den Karosseriebau künftig ein neues Material zu einzusetzen. Es heißt Zincrox, ist um 50 Prozent rostbeständiger

Je mehr Verkehrsregeln es gibt, desto weniger werden sie befolgt, fand die TÜV-Akademie Bayern heraus...

...und dennoch tut man gut daran, sich an sie zu halten. Länder und Gemeinden kassieren bei Verstößen jetzt immer höhere Beträge.

DEZEMBER 1983

»Verflixt, schon wieder eine Mark futsch, und der Zeiger bewegt sich nicht...«

als Stahlblech und lässt sich obendrein leichter verarbeiten. Ferrari ist der erste Automobilhersteller, der Zincrox verwendet.

General Motors und die japanische Firma Toyota haben sich geeinigt, demnächst gemeinsam in den USA Fabrikationsstätten für die Herstellung von Kompaktwagen unter einer neuen Marke zu errichten.

In der Tschechoslowakei entsteht ein neues Rallyefahrzeug, das künftig im Westen kräftig mitmischen soll: Der Skoda 1,6 Liter Garde. Das Coupé soll den bisherigen »Plastikbomber« 130 RS ersetzen. Der Motor kommt vom Lada, das Getriebe vom Tatra.

Fünf Kleinbusse vom Typ RAF 2203 fahren in Tallinn, Estland (UdSSR), probeweise mit Wasserstoffmotoren, entwickelt von der Akademie der Wissenschaften in Moskau.

Der Corsa ist der erste Opel, der komplett im Ausland und nicht in Deutschland produziert wird, wo man ihn konzipiert und entwickelt hat. Die Gesamtmontage erfolgt in Saragossa (Spanien), Motoren und Getriebe kommen aus Wien (Österreich). Das Werk in Saragossa gilt als die modernste Automobilfabrik Europas und stellt gegenwärtig 1200 Einheiten pro Tag her. Die Jahreskapazität der Fabrik beträgt 270.000 Pkw.

Die Gesamtproduktion von Personenwagen in der Bundesrepublik betrug im Kalenderjahr 1983 knapp über 3.8 Millionen. Das sind 100.000 Fahrzeuge mehr als im Vorjahr. Die pessimistischen Prognosen, wie sie zu Anfang des Jahres gestellt wurden, haben sich nicht bewahrheitet. Japan ist mit 7,3 Millionen Produktions-Weltmeister und liegt vor den USA, wo »nur« 6,63 Millionen Autos entstanden sind. Der Gesamt-Weltbestand an Kraftfahrzeugen beträgt zur Zeit rund 340 Millionen, das sind 10 Millionen mehr als ein Jahr zuvor.

Der Mercedes-Benz 190, den man jetzt auch als Einspritzer erhalten kann.

Rückwärtige Partie des Ford Orion (mit 451-Liter-Kofferraum).

Heck des BMW 525e mit Einspritzmotor und Dreiwege-Katalysator.

Begegnung im Norden Kanadas: Die alte Brücke aus der Goldgräberzeit hat wohl nicht gehalten, was sie dem Truck Driver versprach…

Breitreifen - das Thema Nummer Eins bei Autofahrern, die's eiliger als andere haben.

Ein neuer Alfa Romeo Sprint Veloce Quadrifoglio verde oder doch lieber nur Stuyvesant-Reise zum Rennen nach Las Vegas?

Lancia lässt Haare, Papier und Röcke fliegen, um die Stromform des A112 zu demonstrieren. Zumindest sieht die Werbeabteilung es so.

Porsche steht für Sporterfolge: Poster für die Schaufensterwerbung.

Selbstverständlich tritt auch Michelin mit breiten Reifen an. Sogar in der Golfklasse!

Alfa Romeo Delfino (null Liter, null PS - nur eine Bertone-Stylingstudie).

Porsche 944 Coupé (2,5 Liter, 163 PS).

Alain Delon und die Japaner: Der französische Filmschauspieler warb für die neue 626-Generation, die seit 1983 mit Frontantrieb lieferbar war und in Japan unter der Traditionsbezeichnung »Capella« vom Band lief.

Das entzückt die Hobbygärtnerin: In ihrem Nissan Prairie kann sie sogar Zimmerpalmen transportieren, die über das Bonsai-Alter hinaus sind

»Rabbit« heißt der VW Golf in den USA, und kaninchenartig hat sich der praktische Kleinwagen in Amerika auch vermehrt.

Der Prelude des Modelljahres 1983. Sein Kennzeichen: die charakteristischen Klappscheinwerfer. Den Prelude gab es in zwei Ausstattungsvarianten, die besser ausgestatteten EX waren auf Wunsch auch mit ABS-System (nannte sich bei Honda ALB) erhältlich. Auf Basis dieser zweiten Prelude-Generation baute die Firma Con-Moda aus Köln 100 Coupés zu Cabriolets um.

Der Belgier Jacky Ickx ist 1983 Endurance-Weltmeister auf Porsche 956, Mit bisher 45 Siegen und als 6-facher Le-Mans-Sieger ist er der erfolgreichste Langstreckenpilot der Welt.

Nelson Piquet, Formel-1-Weltmeister 1983, auf Brabham-BMW.

Der am 24. April 1983 in Riverside, USA, tödlich verunglückte Rennfahrer Rolf Stommelen.

Seit 1972 hat München ein neues Wahrzeichen: Den BMW-Vierzylinder an der Kreuzung Petuelring/Lerchenauer Straße.

»Alter vor Schönheit? Nicht mit uns!« Tierische Begegnung in der Gegend von Salzburg.

»Sitzen da etwa Bullen drin...?« Tierische Begegnung in der Gegend von Tübingen.

Werbung für Michelin-Reifen mit dem Rallye-Weltmeister Walter Röhrl.

Recaro-Sitze für orthopädiebewusste Autofahrer. Der Name Recaro bezieht sich auf die Nachfolgefirma der »Reutter Carosserie«.

Citroën BX mit »denkendem Fahrwerk«, auf der IAA in Frankfurt mit Dieselmotor präsentiert.

Der Spurt zum Bus - wie gut sind die Bremsen des VW?!

Bis zu 650 Autos kann der Rheintransporter in sechs Stockwerken an Bord nehmen. Hier werden Ford-Autos von Köln nach Vlissingen gebracht, wo sie auf Hochseeschiffe umgeladen und weiter nach England transportiert werden.

Slowly, please. Ford R-Series Reisebus mit 53 Sitzplätzen.

Ford Sierra XR-4i, die Sportlimousine im Zeichen der ovalen Pflaume.

Bei Bosch eine Frigette bestellen! Die Klimaanlage zum nachträglichen Einbau.

GEFAHREN UND GETESTET

1983

Mercedes-Benz 190 /190E

»Fährt wie d'Sau ums Eck« - Mercedes-Benz 190/190E im Test. ABS gibt's auf Wunsch.

Ein Automobil mit einem Stern auf der Motorhaube zu besitzen, dürfte für die meisten Autofahrer nach wie vor ein erstrebenswertes Ziel sein.... doch der Griff zum Stern scheitert meist an den gepfefferten Preisen der schwäbischen Autos. Der neue 190 ist zwar der billigste Mercedes, aber mit einem Einstiegspreis von 25.538 DM liegt er rund 8000 DM über dem Preisniveau gleich großer Wagen wie Audi 80, VW Passat, Opel Ascona oder Ford Sierra.

Im 190 steht vorn so viel Platz wie im 200 zur Verfügung. Hinten wird zwar weniger, aber noch ausreichend Kniefreiheit geboten. Dennoch kann es auf längeren Strecken hinten ungemütlich werden: Unter den Vordersitzen ist wenig Luft.... Die Innendekoration ist wieder sehr schlicht geraten. Kein Pfiff, kein frisches Design. Die Sitze fühlen sich nach Daimler-Art steif an, allerdings weiß man, dass die Mercedes-Möbel dennoch ihre Qualität haben... dass die Gurtschlösser am Sitz befestigt und die Kopfstützen in der Höhe ausreichend verstellbar sind, konnte erwartet werden. Ungewöhnlich dagegen ist, dass es beim 190/190E für den Fahrer gegen Aufpreis einen Airbag im Lenkrad gibt und für den Beifahrer einen Gurtstrammer. Auch ein Antiblokkiersystem wird auf Wunsch eingebaut.

Gegen moderne Zeiten ist auch ein Mercedes nicht gefeit. So blickt man einigermaßen überrascht auf einen Einarm-Scheibenwischer. Optimal ist die Sache allerdings nicht, denn der Einarm-Putzer lässt im Blickfeld schräg nach vorn eine recht große Fläche ungewischt.

Mit einem cw-Wert von 0,33 schlüpft der 190 ein gutes Stück besser durch den Wind als die S-Klasse. Keilform, eine schmale Dachpartie und ein hohes Heck tragen dazu ebenso bei wie andere Details: So lässt zum Beispiel die Frontpartie mit einem deutlich verkleinerten Kühler nur noch so viel Luft wie eben nötig zum Motorraum durch.

In die neue Hinterachse sollen die Stuttgarter eine ganze Milliarde investiert haben. Die »Raumlenkerachse« ist so ziemlich das Beste, was in Sachen Hinterachskonstruktion bisher auf die Straße kam. An jeder Radseite wirken fünf Lenker derart intelligent gegen alle auftretenden Kräfte und Störmomente, dass bereits nach der ersten Kurve klar wird, was die schwäbischen Versuchsfahrer mit »mir fahret wie d'-Sau ums Eck« meinen. Der 190 liegt in Kurven beispielhaft problemlos, ohne jedoch in Schwerfälligkeit zu verfallen. Im 190 stimmt auch der Federungskomfort.

Ob die Motorleistung stimmt, ist eine andere Frage - die 90 PS sind zwar vorhanden, aber der aus dem 200 stammende Vierzylinder wirkt zugeschnürt, nicht leistungswillig. Kein Wunder, denn man hat bei ihm die Ventilquerschnitte verkleinert. Es war ein Leistungsabstand zum 200 gewünscht (niedrigere Versicherungsstufe), und die Höchstgeschwindigkeit sollte unter 180

Bereits am 22. November 1983 verlässt der 100.000ste »Baby Benz« das Band, nach nur einjähriger Bauzeit!

1983

Mercedes-Benz 190 /190E

Halwart und Mila Schrader besuchen mit John Olssons US-SL die von Lee Gohlike betriebene Restaurierungswerkstatt in Wisconsin.

km/h bleiben, sonst hätte man ihm nämlich teurere HR-Reifen aufziehen müssen. So fährt er nun 175 km/h. Im unteren und mittleren Drehzahlbereich läuft der Motor sehr ruhig, fordert man ihn jedoch, dann klingt er unwillig. Der 190E hat den gleichen Hubraum mit der 190er-Motor, darf aber freier atmen und leistet 122 PS. Mit Schubabschaltung und mechanisch-elektronischer Benzineinspritzung (Bosch KE-Jetronic) ausgerüstet, soll er nicht nur sparsam, sondern auch störunanfällig sein. Insgesamt kommt mit dem stärkeren Motor mehr Freude auf, er harmoniert besser zum dynamischen Gesamtbild des kleinen Mercedes als die 90-PS-Maschine.

Für das Auto spricht auch seine sehr gute Verarbeitung, die Solidität und Akribie im Detail, die gute Übersichtlichkeit und Handlichkeit (zumindest für den 190/190E mit Servolenkung, die 819 DM Aufpreis kostet) und auch der - wie bei jedem Mercedes - zu erwartende gute Wiederverkaufswert.

Die Leute stehen bereits Schlange nach dem neuen Wagen. Und wahrscheinlich wissen sie sogar warum.

(Auszug aus einem Fahrbericht von Jürgen G. Stratmann in der »ADAC Motorwelt«, Heft 1/83).

Mercedes-Traum aus?

Der Traum: Ein kleiner Benz zum Volkstarif. Die Realität: Daimler-Fahren bleibt teuer.

ADAC Fahrbericht

Ein Automobil mit einem Stern auf der Motorhaube zu besitzen, dürfte für die meisten Autofahrer nach wie vor ein erstrebenswertes Ziel sein. Schließlich steht das Mercedes-Image, geprägt von perfekter Technik, Seriosität, hoher Qualität und Wertbeständigkeit, hoch im Kurs, und niemand will wohl ernsthaft bestreiten, daß ein Benz auch dem eigenen Image gut tut. Wenn man sich solch ein Auto leisten kann, dann ist man was.

Für den Privatmann muß ein Mercedes jedoch nicht selten ein Traum bleiben, denn der Griff zum Stern scheitert meist an den gepfefferten Preisen der schwäbischen Autos. Doch irgendwann hingen die Trauben plötzlich in greifbarer Nähe: Gerüchte über einen kleinen Daimler schwirrten durch die Lande. Ein Mercedes, so etwa vom Schlage eines Opel Ascona oder Ford Taunus, und das zu einem erschwinglichen Preis, na ja, sicher einen Tausender darüber, das wäre ein Hammer.

Heute ist klar, daß das ein Traum geblieben ist. Der kleine Mercedes ist zwar mit einer Länge von 4,42 m etwa so groß wie ein Audi 80, VW

Mit einer provokativen Schlagzeile versah die ADAC Motorwelt ihren Testbericht - der aber den Traum vom Mercedes keineswegs auslöschte...

Unter der schönen Firmenbezeichnung »Autobahn« bietet dieser Mercedes-Händler in Tokio Gebrauchtwagen an. Irgend jemand muss wohl auch einmal ein Honda-Motorrad in Zahlung gegeben haben...

SHOW ROOM

Autos, die es 1983 in Deutschland zu kaufen gab

Sofort zugreifen! Ein Jaguar Mk. II von 1962 ist für 14.900 Mark ein Schnäppchen!

Marke	Modell	Zylinder	ccm	PS
Alfa Romeo	Arna Limousine	4	1351	78-85
Alfa Romeo	33 1.5 Limousine	4	1490	84
Alfa Romeo	33 4x4 1.5 Limousine	4	1490	84
Alfa Romeo	Giulietta Limousine 1.8	4	1779	122
Alfa Romeo	Giulietta Limousine 2.0	4	1962	130
Alfa Romeo	Alfetta 2.0 Limousine	4	1962	130
Alfa Romeo	Alfetta 2.4 TD Limousine	4	2393	95
Alfa Romeo	Sprint	4	1490	95-105
Alfa Romeo	Spider 2000 Limousine	4	1962	130
Alfa Romeo	GTV 2.0 Coupé	4	1962	130
Alfa Romeo	GTV 6/2.5 Coupé	6	2493	160
Alfa	6 Limousine	6	2493	160
Alpine-Renault	A 310	6	2664	150
AMC	Eagle 4x4 Limousine/Kombi	6	4235	118
Aston Martin	Vantage Coupé	V8	5341	303
Aston Martin	Volante Cabrio	V8	5341	303
Aston Martin	Lagonda Limousine	V8	5341	310
Audi	80 1.3 Limousine	4	1588	75
Audi	80 Diesel Limousine	4	1588	54
Audi	80 CL 1.6 Limousine	4	1588	75
Audi	80 GLE Limousine	4	1588	75
Audi	80 CD Limousine	5	1920	115
Audi	80 Coupé GT	5	1920	115
Audi	100 / CL Limousine/Avant	4	1588	75
Audi	100 Lim./Avant	5	1920	115
Audi	100 2.1 Lim./Avant	5	2143	115
Audi	100 Diesel Limousine/Avant 2.0	5	1985	70
Audi	100 Formel E Limousine/Avant	5	2143	130
Audi	200 5E 2.1 Limousine	5	2143	170
Audi	200 Turbo 5E 2.1 Limousine	5	2143	182
Audi	200 Turbo quatro Coupé.	5	2143	200
Audi	quattro Sport Coupé		2133	300
Austin	Metro 1000 Limousine	4	1275	63
Austin	Maestro 1.3 HL Limousine	4	1275	68
Bentley	Mulsanne Limousine	V8	6750	ca. 225
Bentley	Mulsanne Turbo Limousine	V8	6750	ca. 260
Bentley	Corniche Limousine	V8	6750	ca. 260

BMW M-Power im Doppelpack: M 635CSi und M1. Macht zusammen mindestens 563 PS.

Marke	Modell	Zylinder	ccm	PS
Bitter	SC 3.0 Cabrio/Coupé	6	2968	180
BMW	316i Limousine/Cabrio	4	1766	90
BMW	318i Limousine/Cabrio	4	1766	105
BMW	320i Limousine/Cabrio	6	1990	122
BMW	323i Limousine/Cabrio	6	2315	143
BMW	518i Limousine	4	1766	119
BMW	520i Limousine	6	1990	122
BMW	524 TD Limousine	6	2443	115
BMW	528i Limousine	6	2788	184
BMW	728i Limousine	6	2788	184
BMW	735i Limousine	6	3453	218
BMW	745i Limousine	6	3210	252
BMW	635 CSi Coupé	6	3453	218
BMW	Alpina C1-2.3 Limousine	6	2316	145

Alfa Romeo Giulietta 2.0 Ti - mit vier Scheibenwischern.

SHOW ROOM

Autos, die es 1983 in Deutschland zu kaufen gab

Qualität aus Fernost: Mazda 929.

Marke	Modell	Zylinder	ccm	PS
BMW	Alpina B6-2.8 Limousine	6	2788	184
BMW	Alpina B7 Limousine	6	3453	218
BMW	Alpina B7S-Turbo Limousine	6	3453	310
Buick	Century Limited Limousine	6	2838	112
Buick	Skylark Coupé	6	2838	112
Buick	Regal Limousine/Coupé	V8	5001	167
Cadillac	Seville Limousine	V8	4087	139
Cadillac	Eldorado Coupé.	V8	4087	139
Cadillac	Fleetwood Limousine	V8	4087	139
Caterham	SuperSeven Roadster	4	1598	86
Chevrolet	Citation Limousine	6	2838	109
Chevrolet	Camaro Limousine	V8	5001	155
Chevrolet	Celebrity Limousine/Kombi	6	2838	109
Chevrolet	Corvette Coupé.	V8	5733	207
Chevrolet	Caprice Classic Limousine	V8	5001	155
Chevrolet	Blazer 4x4 Kombi	V6	2838	113
Citroën	2CV4 Limousine	2	602	29
Citroën	LNA Limousine	4	1124	50
Citroën	Visa Limousine	2	652	36
Citroën	Visa L Limousine	4	1124	50-64
Citroën	GSA Limousine	4	1299	64
Citroën	BX 14 Limousine	4	1361	62-72
Citroën	BX 16 Limousine	4	1580	90
Citroën	BX 19 TRD Limousine	4	1905	65
Citroën	CX 20 Limousine./Kombi	4	1994	104
Citroën	CX 25 Limousine	4	2347	128
Citroën	CX 25 TRD Limousine./Kombi	4	2499	95
Citroën	CX TRI Kombi	4	2347	128
Daihatsu	Cuore Limousine	2	617	30
Daihatsu	Charade Limousine	3	993	52
Daihatsu	Charade Diesel Limousine	3	993	37
Daihatsu	Charmant 1.3 Limousine	4	1290	65
Daihatsu	Charmant 1.6 Limousine	4	1588	75
Daimler	Sovereign 4,2 Limousine	6	4235	205
Daimler	Double Six Limousine	V12	5343	295
De Tomaso	Pantera GTS Coupé	V8	5763	270
De Tomaso	Longchamps Limousine	V8	5763	270

Ford Orion Stufenheck-Limousine. Bestimmt praktisch, ein wenig quadratisch, insgesamt gut.

Marke	Modell	Zylinder	ccm	PS
Ferrari	308 GTBi/GTSi Coupé	V8	2927	214
Ferrari	Mondial 8 Coupé	V8	2927	214
Ferrari	400i Coupé	V12	5823	310
Ferrari	512 BBi Coupé	V12	5823	340
Fiat	Panda 34 Limousine	4	843	34
Fiat	Panda 45 Limousine	4	903	45
Fiat	Uno 45 Limousine	4	9034	5S
Fiat	Uno 55 Limousine	4	1116	55
Fiat	Uno 70 Limousine	4	1301	68
Fiat	Regata 70 Limousine	4	1301	68
Fiat	Regata 85 S Limousine	4	1498	82
Fiat	Regata 100 S Limousine	4	1585	100
Fiat	Ritmo 60 Limousine	4	1049	60
Fiat	Ritmo 75 Limousine	4	1498	75
Fiat	Ritmo Super 85 Limousine	4	1498	85
Fiat	Ritmo 105 Limousine	4	1584	105
Fiat	Ritmo 125 TC Abarth Limousine	4	1995	12
Fiat	Ritmo Diesel Limousine		1713	55
Fiat	Bertone Ritmo Cabriolet	4	1585	75
Fiat	131 Panoramica Kombi	4	1995	113
Fiat	Argenta 120 IE Limousine		1995	113-122

SHOW ROOM

Autos, die es 1983 in Deutschland zu kaufen gab

Opel Manta GT/E, Kultobjekt der Szene von morgen.

Marke	Modell	Zylinder	ccm	PS
Fiat	X 1/9 Spider	4	1498	78
Fiat	Pininfarina Spider Europa	4	1995	103
Ford	USA LTD Limousine	4	2301	89
Ford	USA Thunderbird Coupé	V6	3791	112-130
Ford	Fiesta 1.1 Limousine	4	1117	53
Ford	Fiesta Diesel Limousine	4	1608	54
Ford	Escort 1.6 Limousine/Cabrio	4	1597	79
Ford	Escort XR3i 1.6 Limousine	4	1598	105
Ford	Escort Diesel Limousine	4	1608	54
Ford	Orion 1.6 Limousine	4	1597	79
Ford	Orion Diesel Limousine	4	1608	54
Ford	Orion Injection Limousine	4	1597	105
Ford	Sierra 2.0 Limousine/Kombi	4	1993	98
Ford	Sierra XR4i Limousine	V6	2792	148
Ford	Sierra Diesel Limousine/Kombi	4	2302	67
Ford	Granada 2.0 Limousine/Kombi	4	1993	101
Ford	Granada 2.3 Limousine/Kombi	V6	2294	114
Ford	Granada 2.8 inj. Lim./Kombi	V6	2792	160
Ford	Granada Diesel Lim./Kombi	4	2497	69
Honda	Jazz Limousine	4	1231	56
Honda	Civic DX Limousine	4	1342	71
Honda	Civic HS Limousine	4	1335	70
Honda	Civic Shuttle Kombi	4	1488	85-100
Honda	Accord Coupé/Limousine	4	1602	80
Honda	Accord EXR Coupé/Limousine	4	1829	100
Honda	Quintet Limousine	4	1602	80
Honda	Ballade Limousine	4	1335	70
Honda	Prelude Coupé	4	1829	103
Innocenti	3L/S/SE Limousine	4	998	52
Innocenti	de Tomaso Limousine	4	998	68
Jaguar	XJ 3.4 Limousine	6	3442	163
Jaguar	XJ 4.2 Limousine	6	4235	205
Jaguar	XJ12 Limousine	V12	5343	295
Jaguar	XJS Coupe	V12	5343	295
Jeep	CJ-7 4x4	6	4235	126
Jeep	CJ-8 4x4 Kombi	6	4235	126
Jeep	Cherokee Kombi	V8	5896	150

Marke	Modell	Zylinder	ccm	PS
Jeep	Wagoneer Kombi	V8	5896	150
Lada	Nova jr. Limousine	4	1294	65
Lada	1200 S Limousine	4	1198	62-64
Lada	1500 S Limousine	4	1452	75
Lada	1500 GL Kombi.	4	1452	75
Lada	Niva 4x4 Limousine	4	1568	78
Lamborghini	Jalpa Coupé	V8	3485	255
Lamborghini	Countach 5000 Coupé	V12	4754	354
Lancia	A 112 Limousine	4	964	48
Lancia	A 112 Abarth Limousine	4	1049	70
Lancia	Delta 1500 Limousine	4	1498	85
Lancia	Delta 1600 GT Limousine	4	1585	105
Lancia	Beta 1600 Coupé	4	1585	100
Lancia	Beta 2000 Coupé	4	1995	118
Lancia	HPE 1600 Limousine/Coupé	4	1585	100
Lancia	HPE 2000 Limousine./Coupé	4	1995	118
Lancia	Trevi 1600 Limousine	4	1585	100
Lancia	Trevi 2000 Limousine	4	1995	118
Lancia	Prisma 1.5 Limousine	4	1499	85
Lancia	Prisma 1.6 Limousine		1585	105
Lotus	Esprit S3 Turbo Coupé	4	2173	116
Lotus	Eclat Excel Coupé	4	2173	121
Maserati	Biturbo Coupé	6	3491	190
Maserati	Quattroporte Limousine	V8	4928	282
Mazda	323 Limousine	4	1296	65
Mazda	323 Limousine	4	1490	72-80
Mazda	323 CD Limousine	4	1296	65
Mazda	323 CD Limousine	4	1490	69-80
Mazda	626 Limousine	4	1970	95
Mazda	929 Coupé/Limousine/Kombi	4	1970	87
Mazda	RX7 Coupé	Wankel.		115
Mercedes-Benz	190 Limousine	4	1997	90
Mercedes-Benz	190 E Limousine	4	1997	112
Mercedes-Benz	190 D Limousine	4	1997	72
Mercedes-Benz	190 E 2.3-16 Limousine.	4	2299	185
Mercedes-Benz	200 Limousine	4	1996	96
Mercedes-Benz	200 D Limousine	4	1987	60

Nissan Micra, der Konkurrent zu Corsa, Polo und Renault 5.

»Die tolle Kiste« nannte Fiat den kleinen Panda mit 45 PS. Wenn der Waschbär aus Italien nur nicht so rostanfällig gewesen wäre!

SHOW ROOM

Autos, die es 1983 in Deutschland zu kaufen gab

Renault 5 TL, jetzt mit eindrucksvollem Frontspoiler.

Marke	Modell	Zylinder	ccm	PS
Mercedes-Benz	240 D Limousine	4	2397	72
Mercedes-Benz	240 TD Kombi	4	2339	72
Mercedes-Benz	230 E Limousine	4	2298	125
Mercedes-Benz	300 D Limousine	5	2997	88
Mercedes-Benz	300 TD Kombi	5	2998	125
Mercedes-Benz	280 E Limousine	4	2746	170
Mercedes-Benz	280 SE Limousine	6	2746	170
Mercedes-Benz	380 SE/SEL Limousine	V8	3837	197
Mercedes-Benz	500 SE/SEL Limousine	V8	4971	231
Mercedes-Benz	230 CE Coupé	4	2298	125
Mercedes-Benz	280 CE Coupé	6	2746	170
Mercedes-Benz	230 TE Kombi	4	2298	125
Mercedes-Benz	280 TE Kombi	6	2746	170
Mercedes-Benz	380 SL Cabriolet	V8	3837	197
Mercedes-Benz	500 SEC Coupé	V8	4971	231
MG	Metro Limousine	4	1275	63
MG	Metro Turbo Limousine	4	1275	94
MG	Maestro Limousine	4	1598	104
Mini	1000 Limousine	4	998	41
Mitsubishi	Colt 1.2 Limousine	4	1198	55
Mitsubishi	Colt 1.5 Limousine	4	1468	75
Mitsubishi	Colt 1.6 Limousine	4	1597	125
Mitsubishi	Colt 1800 Diesel	4	1795	58
Mitsubishi	Lancer 1200 Limousine	4	1198	55
Mitsubishi	Lancer 1500 Limousine	4	1468	75
Mitsubishi	Lancer 2000 Turbo Limousine	4	1997	170
Mitsubishi	Cordia 1600 SR Coupé	4	1597	75-115
Mitsubishi	Trevia Limousine	4	1597	75-115
Mitsubishi	Galant 1600 Kombi	4	1597	75
Mitsubishi	Galant 2000 Limousine/Kombi	4	1997	102
Mitsubishi	Galant 2000 Turbo Limousine	4	1997	170
Mitsubishi	Galant 2300 T/D Kombi	4	2346	84
Mitsubishi	Starion 2000 Turbo Coupé	4	1997	170
Mitsubishi	Sapporo 2000 Coupé	4	1997	102-170
Morgan	4/4 Roadster	4	1599	85
Morgan	Plus 8 Roadster	V8	3532	157
Nissan	Micra Limousine	4	988	50

Opel Corsa, der Kompakte aus Rüsselsheim, geht in sein erstes volles Verkaufsjahr.

Marke	Modell	Zylinder	ccm	PS
Nissan	Cherry Limousine	4	1270	60
Nissan	Cherry Limousine	4	1488	70
Nissan	Sunny Coupé/Lim./Kombi	4	1270	60
Nissan	Sunny Coupé/Lim./Kombi	4	1488	75
Nissan	Stanza Limousine	4	1598	80
Nissan	Stanza Limousine	4	1809	88
Nissan	Bluebird Limousine/Kombi	4	1809	88
Nissan	Bluebird Limousine/Kombi	4	1973	105
Nissan	Laurel Limousine	6	2392	127
Nissan	Skyline Limousine	4	1809	110
Nissan	Skyline Limousine	6	1998	125
Nissan	300 ZX Coupé	6	2960	166
Opel	Corsa 1.2S Limousine	4	1195	54
Opel	Kadett 1.3 Limousine/Kombi	4	1296	60
Opel	Kadett GT/E Limousine	4	1296	115
Opel	Kadett 1.6 Diesel Lim./Kombi	4	1598	54
Opel	Kadett 1.6 Limousine/Kombi	4	1598	90
Opel	Ascona 1.6 Limousine	4	1598	90

SHOW ROOM

Autos, die es 1983 in Deutschland zu kaufen gab

Marke	Modell	Zylinder	ccm	PS
Opel	Ascona CD 1.8 Limousine	4	1795	115
Opel	Ascona 1.6 Diesel Limousine	4	1598	54
Opel	Manta 2.0 Coupé	4	1978	110
Opel	Rekord 2.0 Limousine/Kombi	4	1978	98-110
Opel	Rekord 2.0 E Limousine/Kombi	4	1978	110
Opel	Rekord 2.3 Diesel Lim./Kombi	4	2259	65
Opel	Monza 2,5 E Coupé	6	2488	136
Opel	Monza 3.0 E Coupé	6	2967	180
Opel	Senator 2.5 E Limousine	6	2488	136
Opel	Senator 3.0 E Limousine	6	2967	180
Panther	Kallista Roadster	6	2792	150
Peugeot	104 Z Limousine	4	1124	50
Peugeot	104 ZS Limousine	4	1360	72
Peugeot	205 Limousine	4	1124	50
Peugeot	205 Limousine	4	1360	72
Peugeot	205 GTI Limousine	4	1589	105
Peugeot	205 GRD Limousine	4	1768	60
Peugeot	305 1.3 Limousine	4	1290	65
Peugeot	305 1.5 Limousine/Kombi	4	1472	78
Peugeot	305 GRD Kombi	4	1905	65
Peugeot	505 Limousine	4	1971	96
Peugeot	505 Diesel Limousine	4	2498	76
Peugeot	505 Turbodiesel Limousine	4	2498	95
Peugeot	604 GTI Limousine	V6	2849	155
Peugeot	604 Turbodiesel Limousine	4	2498	95
Porsche	924 Coupé	4	1984	125
Porsche	944 Coupé	4	2479	163
Porsche	928 S Coupé	V8	4664	310
Porsche	911 Carrera Coupé	6	3164	231
Porsche	911 Turbo Coupé	6	3299	300
Renault	4 Limousine	4	1108	34
Renault	4 GTL 4 Limousine	4	1108	44
Renault	5 Limousine	4	1108	45
Renault	5 TS Limousine	4	1397	62
Renault	5 Alpine Turbo Limousine	4	1397	110
Renault	9 Limousine	4	1108	48
Renault	9 GTL/GTS Limousine	4	1397	63

Der neue Renault 9 GTX: viertürige Sparsamkeits-Schlichtheit aus Frankreich. Bei uns für das kommende Frühjahr angekündigt.

Marke	Modell	Zylinder	ccm	PS
Renault	R9 Diesel Limousine	4	1595	55
Renault	R 11 Limousine	4	1108	48
Renault	R 11 Limousine	4	1397	63
Renault	R 11 Diesel Limousine	4	1595	55
Renault	18 Limousine/Kombi	4	1397	66
Renault	18 GTL/GTS Limousine/Kombi	4	1647	72
Renault	18 Turbodiesel Limousine/Kombi	4	2068	88
Renault	18 Turbo Limousine/Kombi	4	1565	112
Renault	Fuego Turbo Coupé	4	1565	112
Renault	Fuego GTX Coupé	4	1995	107
Renault	20 Limousine	4	1195	107
Renault	30 Turbodiesel	4	2068	88
Renault	25 Limousine	4	1995	108
Renault	25 Injection Limousine	V6	2664	142
Renault	25 Turbodiesel Limousine	4	2068	188
Rolls-Royce	Silver Spirit Limousine	V8	6750	ca. 225
Rolls-Royce	Silver Spur Limousine	V8	6750	ca. 225
Rolls-Royce	Corniche Cabriolet	V8	6750	ca. 225
Rolls-Royce	Camargue Coupé	V8	6750	ca. 225
Rover	2600 SE Limousine	6	2596	120
Rover	3500 Vitesse Limousine	V8	3532	154
Range-Rover	Limousine	V8	3532	154
Saab	99 GL Limousine	4	1985	100
Saab	900 GL/GLS/GLi Lim.Cpé.	4	1985	100-118
Saab	900 Turbo Lim./Coupé	41985145-175		
Saab	900 CD Turbo Limousine	4	19851	75
Seat	Ronda 1.2 Limousine	4	1197	65
Seat	Ronda 1.5 Limousine	4	1438	75
Seat	Ronda 1,7 Diesel Limousine	1714	55	
Seat	127 Fura Limousine	4	903	43
Skoda	105 L/S Limousine	4	1046	46
Skoda	105 GL Limousine	4	1154	52
Skoda	120 Limousine	4	1154	58
Subaru	1800 Lim./Kombi/Coupé	4	1781	82
Suzuki	SJ 410 4x4 Kombi	4	973	46
Suzuki	Alto Limousine	3	796	40
Talbot	Samba Limousine	4	1124	50

Cockpit im Ford Sierra XR-4i.

SHOW ROOM

Autos, die es 1983 in Deutschland zu kaufen gab

Marke	Modell	Zylinder	ccm	PS
Talbot	Samba GLS Limousine/Cabrio	4	1360	72
Talbot	Horizon GL Limousine	4	1294	65
Talbot	Horizon GLS Limousine	4	1442	83
Talbot	Solara GL Limousine	4	1442	83
Talbot	Solara GLS Limousine	4	1592	90
Talbot	Matra Rancho Kombi	4	1442	80
Toyota	Starlet 1300 Limousine	4	1290	58
Toyota	Corolla Limousine/Kombi	4	1295	55
Toyota	Corolla Cpé./Limousine/Kombi	4	1588	78
Toyota	Corolla Diesel Lim./Kombi	4	1839	60
Toyota	Tercel Cpé./Lim./Kombi	4	1452	71
Toyota	Carina II GL 4 Zyl. Lim./Kombi	4	1588	78
Toyota	Camry Limousine	4	1995	105
Toyota	Celica Coupé	4	1972	105
Toyota	Supra 2.8i Coupé	6	2759	140
Toyota	Cressida Limousine/Kombi	4	1972	105
Toyota	Crown Limousine	6	2759	140
Trabant	601 Limousine/Kombi	2	595	26
Triumph	Acclaim HL Limousine	4	1335	70
TVR	Tasmin Coupé/Cabriolet	6	2792	160
TVR	350i Convertible	V8	3522	193
Volkswagen	Mexico-Käfer Limousine	4	1192	34
Volkswagen	Polo Classic Limousine	4	1042	40
Volkswagen	Polo 1.3 Limousine	4	1272	58
Volkswagen	Golf /Jetta1.3 Limousine	4	1272	58
Volkswagen	Golf/Jetta Diesel Limousine	4	1588	54
Volkswagen	Golf/Jetta Turbodiesel	4	1588	70
Volkswagen	Golf GTi Limousine/Cabrio	4	1780	112
Volkswagen	Golf Cabriolet	4	1595	75
Volkswagen	Passat 1600 Limousine/Kombi	4	1595	75
Volkswagen	Passat GLS Limousine/Kombi	5	1993	115
Volkswagen	Passat Diesel 1600 Lim./Kombi	4	1588	54
Volkswagen	Santana 1.6 Limousine	4	1595	75
Volkswagen	Santana Tubodiesel Limousine	4	1588	70
Volkswagen	Santana GLS Limousine.	5	1993	115
Volkswagen	Scirocco 1.6 Coupé		1595	75
Volkswagen	Scirocco 1.8 Coupé		1781	112

Er wurde zum Kultmobil der ganzen Nation: VW Golf GTI '83 (zweite Generation) mit 112 PS, immerhin über 180 km/h schnell.

Zweifarbig sieht der XR-4i (8,4 sek von Null auf 100 km/h) sogar noch schicker aus.

Marke	Modell	Zylinder	ccm	PS
Volvo	240 Limousine/Kombi	4	2316	112-129
Volvo	240 Diesel Limousine/Kombi	4	2383	83
Volvo	240 Turbo Limousine/Kombi	4	2127	155
Volvo	340 Limousine	4	1397	72
Volvo	360 Limousine	4	1969	92-115
Volvo	740 GLE Limousine	4	2316	129
Volvo	740 GLE Limousine	V6	2894	156
Volvo	760 Turbo Limousine	4	2316	173
Volvo	760 GLE Turbo Limousine.	V6	2894	109
Wartburg	353 Limousine/Kombi	3	992	50
Zastava	Yugo Limousine	4	903	45
Zastava	1100 Limousine	4	1116	55
Zastava	1300 Limousine	4	1290	73

NEU AUF DEM BÜCHERMARKT

1983

In den achtziger Jahren war die Auswahl an Motorliteratur bereits sehr groß. Vor allem hatten auch ausländische Verlage viel zu anbieten. Nebenstehende Übersicht stellt einen Ausschnitt aus dem internationalen Angebot der Neuerscheinungen 1983 dar und erhebt keinen Anspruch auf Vollständigkeit.

Autor	Titel	Verlag
Baldwin Nick (Hrsg.)	The Vintage Lorry Album	Frederick Warne Publishing London
Batchelor, Dean	Porsche Buyers' Guide	Motorbooks International, Osceola, Wisconsin/USA.
Blundsen, John, Jeremy Walton und Rainer Schlegelmilch	BMW	Octopus Publishing Group, London
Boschen, Lothar	Das große Buch der Volkswagen-Typen; alle Fahrzeuge von 1934 bis heute	Motorbuch Verlag, Stuttgart
Buhemann, Klaus	Die Opel-Rallye-Story	Motorbuch Verlag, Stuttgart.
Costantino, Augusto	Le piccole grandi Marche Automobilistiche Italiane	Istituto Geografico di Agostini, Novara/Italien.
Danner, Max	Gurt oder Tod!	Verlag R.S. Schulz, Percha
Dumont, Pierre	Peugeot - hier et avanthier	edifree (La vie de l'auto), Fontainebleau, Frankreich
Georgano, G.N.	The Word Truck Handbook	Jane's Publishing, London
Maerz, Gerhard	Die Geschichte der Stoewer Automobile	Kohlhammer Verlag, Stuttgart.
Martinez, Alberto und Jean-Loup Nory	Highway-Romantik: Amerikas Trucks und ihre Fahrer	Motorbuch Verlag, Stuttgart.
Martinez, Alberto, und Jean-Loup Nory	Die europäischen Traumautos 1950-1965	Motorbuch Verlag, Stuttgart.
Neubauer, Hans-Otto	Autos aus Berlin Protos und NAG	Kohlhammer-Verlag, Stuttgart.
Norden, Peter	Unternehmen Autobahn	Hestia Verlag, Frankfurt am Main
Podszun, Brigitte	Das Schnauferl-Buch	Verlag Podszun, Brilon.
Schneider, Hans-J. u. Halwart Schrader	Alles über Geländewagen	BLV Verlag, München
Schrader, Halwart	Oldtimer Spezial	Verlag Schrader + Partner GmbH, München.

Trucks und Trucker - ein beliebtes Thema in dieser Zeit. Und endlich gibt es ein VW-Typenbuch, verfasst von Lothar Boschen, und eine Anleitung, wie man Oldtimer und Exoten durch die TÜV-Prüfung bringt: Die Szene freut sich.

NEU AUF DEM BÜCHERMARKT 1983

Autor	Titel	Verlag
Schrader, Halwart	TÜV Spezial. Kauf-, TÜV-, Zulassungs- und. Zollformalitäten bei historischen, klassischen und exotischen Automobilen und Motorrädern	Verlag Schrader + Partner GmbH, München
Seiler, Eberhard	Unser Motorsport von 1948 bis heute	H. G. Tosch Verlag, Essen.
Wolff Metternich Michael, Graf	Der Kompressor	Max Schmidt & Söhne, München

GMC Jimmy 4x4, unauffälliger Alleskönner aus den USA.

Eleganter und mit mehr Verwandtschaft zum Pkw: Subaru Allradlimousine.

GRAND PRIX WELTMEISTER 1983

Nelson Piquet

Formel-1-Weltmeister Nelson Piquet als lebende Werbefläche für seine Sponsoren.

Der Brasilianer Nelson Piquet - mit eigentlichem Namen Nélson Souto Maior - wird 1983 nicht zum ersten Mal Grand-Prix-Weltmeister. Schon 1981 konnte er diesen Titel auf Brabham-Ford erringen, und 1987 sollte er sich abermals als Champion qualifizieren.
Bis einschließlich 1991, als er seine aktive Zeit beendete, brachte es Piquet auf 204 Starts, 23 Siege, 24 Pole Positions und 23 schnellste Runden.
Sein Wagen, mit dem er die 1983 Weltmeisterschaft erringt, ist der von Gordon Murray konstruierte Brabham BT52 mit BMW-Motor. Ein Auto, das seine Überlegenheit immer wieder unter Beweis stellt: Piquet wird in dieser Saison dreimal Sieger, Ricardo Patrese auf einem identischen Wagen einmal. Mit Erfolgen in Monza, in Brands Hatch und beim Finale in Kyalami hatte Piquet genügend Punkte für den Titel beisammen.
Am 17. August 1952 als Sohn eines Kongressabgeordneten geboren, wuchs Nelson in Rio de Janeiro auf und war wie die meisten Jungen vom Rennsport fasziniert. Aber er galt auch als ein begabter Tennisspieler; sein Vater hätte aus ihm gern einen Tennisprofi gemacht. Doch Kartrennen und nicht Tennis wurden Nelsons Leidenschaft Nummer Eins. Mit 19 brachte er es zur Brasilianischen Meisterschaft, ein Jahr später zum zweiten Mal. Mit Rücksicht auf seinen in Rio de Janeiro prominenten Vater verwendete der junge Rennfahrer einen anderen Namen: Nelson Piquet in Anlehnung an den Mädchennamen der Mutter: Piket.
1974 gewann Nelson in Sao Paulo sein erstes Rennen in der Formel Super-V. Beim Training hatte der Motor seines Fahrzeugs den Geist aufgegeben, also baute er kurzerhand den Vierzylinder seines VW-Transporters aus, mit dem er zur Veranstaltung gekommen war, installierte ihn in seinem Rennwagen - und holte sich mit diesem Provisorium den Sieg!
1976 wurde der junge Brasilianer, der sich jetzt offiziell Nelson Piquet nannte, mit seinem selbst aufgebauten Wagen Nationalmeister in der Formel-Super-V, anschließend stieg er auf Anraten Emerson Fittipaldis in die Formel 3 ein. Bernie Ecclestone, damals Chef des Brabham-Teams, wurde auf den talentierten Brasilianer aufmerksam, als der zunächst als Rennmechaniker und Testfahrer bei Emerson Fittipaldis älterem Bruder Wilson gearbeitet hatte, steckte ihn als Partner Niki Laudas in seine Mannschaft - und wurde nicht enttäuscht. 1977 gewann Nelson in Hockenheim sein erstes Formel-1-Rennen. Der für seinen scharfen Humor bekannte Draufgänger (der sich privat gern auf starken BMW-Motorrädern vergnügt) avancierte schon bald zu einem Nationalhelden Brasiliens und vermochte sich mit den Besten der GP-Branche erfolgreich zu messen.

Die Playboy-Bunnies Susanne und Margit sind sich mit Nelson Piquet einig: Der BMW M 635 CSi, so meinen sie, sei das Auto des Jahres!